Dance

TEXT by Kris Lin   PHOTOGRAPHY by Chen Yung Hua   MODEL by u_seng_i（Lowen_studio）
STYLE by Kris Lin   HAIR by Stone Lin MAKE UP by Halu.H

U0003451

of

Life

(C)

SUPPLEMENT

副刊

生活的靈感之舞

現代舞之母瑪莎·葛蘭姆（Martha Graham）曾說過：「舞蹈是靈魂、身體的隱藏語言。」舞蹈是一門超越言語的藝術，傳達不可名狀的情感與經驗，集結力量與情緒，有效地將內在體驗具體呈現於外在的形式。

為了創造有別於日常的想像，我們邀請曾拍攝過桂綸鎂、張震等知名演員的時尚攝影師陳詠華，以 Polaroid 底片，藉由舞者的實驗性肢體，在生活的設計中窺見藝術的表達。

Style Chair PM 健康護脊座椅 _ 雲感款   SAKURA WORKS ZERO Advanced SA38 0℃ 雙溫酒櫃

TWINBIRD CM-D457TW 日本製咖啡教父【田口護】職人級全自動手沖咖啡機

Dyson Supersonic™ 吹風機 HD15（岩黑金色）

CORKCICLE 三層真空易口瓶（大理石紋／黑雲石）　　SodaStream ART 自動扣瓶氣泡水機（白色）

Dance, dance, otherwise
we are lost. —— Pina Baush

LEXON Mina M 多彩氣氛燈 (薄荷、槍灰)、LEXON Mina L 多彩氣氛燈 (霧金)

Culligan 微氣泡蓮蓬頭

VERMICULAR IH 琺瑯鑄鐵電子鍋（海鹽白） 　Coway 濾淨智控飲水機 冰溫瞬熱桌上型 CHP-242N

To Watch us dance is to hear our hearts speak.

OASIS Curve 瞬熱製冷 UVC 濾淨飲水機

CRASH BAGGAGE ICON Suitcase（Large）

You live as long as you dance.

—— Rudolf Nureyev

medisana HB310 雙人法蘭絨電熱毯（舒棉灰）

Exclusive
Interview

恆隆行代理的品牌分布於世界各國，這些品牌在工藝、美感、創新技術方面，
都有耐人尋味的故事，啟發大家的生活新思維，甚至與新的生活趨勢並進。

為何這些來自不同文化背景的品牌，都信任由恆隆行作為台灣代理商？
這些品牌與恆隆行因為什麼共同理念而交集？
我們將透過一篇篇獨家採訪來挖掘。

獨家
專訪

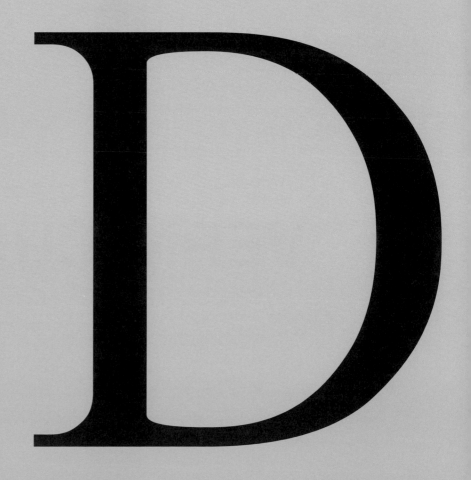

從只剩15人的代工廠，
到具代表性的日本琺瑯鑄鐵鍋品牌

| 專訪 |

VERMICULAR

社長土方邦裕 ✕ 副社長土方智晴

TEXT by 蔡伊盈　PHOTO COURTESY of VERMICULAR

Around The Joy of Cooking

「只要用了 VERMICULAR 的鍋子，人與人之間的關係就會變得緊密。」
VERMICULAR 社長土方邦裕、副社長土方智晴，眼中帶著笑意說道。

他們常在做出一鍋美味料理後，迫不及待地想分享，希望家人與朋友都一起享用。
這正是 VERMICULAR 藉由日本工藝打造的鍋具，期盼拓展的美好生活型態。

只要用了 VERMICULAR 的鍋子
人與人之間的關係
就會變得緊密

VERMICULAR 的社長土方邦裕與副社長土方智晴兩人是親兄弟，早年家裡在愛知縣名古屋經營傳統鑄鐵工廠「愛知 DOBBY」，他們自幼在工廠裡長大，對於裡頭的人事物都有著濃厚的情感。「我是家族裡的長男，原來的規劃就是要接手家業的。」只是沒想到這件事來得這麼快，當父親問土方邦裕是否要回家接掌工廠時，他僅有 26 歲；當時為撐起一間運營超過一甲子的鑄鐵工廠，他從原先西裝筆挺的外商銀行上班族，變成頭髮剃短、全身工作服的工廠職人，每天都忙到凌晨三點多，甚至取得鑄造師的資格，弟弟土方智晴見到哥哥的轉變，打從心底佩服；於是當哥哥開口邀他一起回家打拼，他也決定放下在豐田汽車的工作，一同經營。

原本愛知 DOBBY 處於產業下游代工的位置，主要業務都是接外來訂單製作商品。兄弟倆剛接手公司時市場景氣並不好，工廠規模不若以往，組織更是縮小到只有 15 人左右，似乎搖搖欲墜。深知代工並非長久之計，總有一天要推出自有品牌與商品。

加上，自幼就與工廠師傅們有交情，工廠一旦停止運轉，這些職人可能隨之失去工作。他們希望有朝一日能透過這座小鎮工廠，打造出消費者心中第一名的產品，那拾回的不僅是自家事業，更是職人們的自信與地方的榮光。

當他們一直思索該如何激盪新的點子，讓鑄造技藝延續下去。某天兩人在書店中翻到一本介紹鑄鐵鍋料理的書，望著書上的一張張圖片，靈光瞬間閃過：「琺瑯鑄鐵鍋，不就是一項結合我們鑄造專業與精密加工專業的產品嗎？」那約莫是 2008 年，琺瑯鑄鐵鍋風靡全世界，但市面上尚未有日本出品的琺瑯鑄鐵鍋，他們看見了這個缺口，立志打造日本第一的琺瑯鑄鐵鍋。

曾經以為一輩子都做不到

成為消費者心中世界第一的琺瑯鑄鐵鍋，究竟要具備什麼特質？他們發現「高氣密性」是一大關鍵，因為一般鑄鐵鍋的缺點是氣密性很低。再來是要能配合無水調理的烹飪方式，以保留食材原始的美味與營養。「雖然謹慎評估起來，是結合我們專長的產品，但製造過程實在比想像中還艱辛。」土方智晴坦言。

VERMICULAR
社長 土方邦裕

VERMICULAR
副社長 土方智晴

為了突破傳統鑄鐵鍋的缺點，他們試了數不
盡的方法，每天面對一大車的不良品，導致
當時兩人睡覺都睡不好，面對 3 萬多次的失
敗，「還曾以為一輩子都做不到呢！」歷經
漫長的三年研製時間，終於開始出現個位數
的良好成品 —— 那是鍋身與鍋蓋的間隙僅
0.01mm 的鍋子，連一張薄紙都插不進去。

土方智晴說：「有些東西是成功的，就像一
道光出現！」

這支鍋子是否真能實現最佳的無水烹調？他
們拿著剛出爐的成品，買好咖哩食材，親自
實驗。有趣的是，那鍋咖哩竟然讓討厭紅蘿
蔔的土方邦裕吃得津津有味：「既然可以把
紅蘿蔔煮得這麼好吃，那煮其他蔬菜一定更
加美味。」

這道曙光，成為他們堅持下去的動力，「既
然出現一道光，我們就去追那道光吧！」土
方智晴如今談到這段過去，眼神依然發光。
2010 年，VERMICULAR 琺瑯鑄鐵鍋正式
問市，不論是專業料理人或一般喜愛烹飪
的民眾，只要親身使用過，都為這支能料
裡出食材細緻味道的日本琺瑯鑄鐵鍋，感
到驚艷。

原來其實沒想過要進軍家電界

製作出理想的琺瑯鑄鐵鍋後，再結合 IH 爐
則是個意外。

「我們原本完全沒有想做家電產品，那太難
了。」土方智晴原先只想專注於鑄鐵專業，
然而他們發現，許多海外市場的鑄鐵鍋使用
者並不太會控制火侯，所以他們決定創造一
個可以提供 VERMICULAR 琺瑯鑄鐵鍋完美
熱源的加熱器，讓不分國籍的所有消費者，
都可以更輕鬆地操作鍋具。「這之後就是『IH
琺瑯鑄鐵電子鍋』的誕生。只要消費者按好
按鍵，就可以掌控最佳火侯，把鍋具的效能
發揮至極。」畢竟美味料理除了仰賴一只好
鍋，更講求恰到好處的火候控制。

一旦將鑄鐵鍋結合 IH 爐，便正式宣告
VERMICULAR 準備好要進軍家電界了。隨
著 VERMICULAR IH 琺瑯鑄鐵電子鍋上市，
客人們開始排隊搶購，國內外市場都興起熱
烈迴響。那是 2016 年，距品牌成立也不過
六年的時間，他們以鍋具為媒介，復興了家
族與小鎮的工藝，將「手作料理，精緻生
活」理念融入家家戶戶的烹飪時刻，也將日
本職人的自信與心意帶往世界。

1 VERMICULAR 讓「手作料理，精緻生活」的
　理念融入家家戶戶。

2 透過全新形態的複合式空間 VERMICULAR
　Village，打造出最棒的 VERMICUALR 體驗。

3 有了 VERMICULAR 鍋具，只用最簡單的食材
　就能吃到美好的原味。

1

創造全新概念的體驗場域 VERMICULAR Village

研製出讓全世界都好操作的鍋具，還不足以填滿他們對美好生活體驗的想像。

繼 IH 琺瑯鑄鐵電子鍋推出後，土方智晴又想：「若能創造一個場域，用它來做料裡給客人吃，就太好了。」按著另一幅大膽的願景又開始描繪，土方邦裕與土方智晴懷著期待且忐忑的心，開始規劃全新型態的複合式體驗空間「VERMICULAR Village」。

於 2019 年底開幕的 VERMICULAR Village，座落於中川運河畔，與名古屋政府整治運河的計畫恰好呼應。當中川運河拾回乾淨美麗的光景，VERMICULAR Village 新穎的建築空間也為美好畫面更添一筆，很快便成為知名觀光景點，超乎預期地眾多遊客慕名前來，還曾一度造成交通癱瘓場面。

「在這裡有最棒的 VERMICULAR 體驗！所有使用 VERMICULAR 做出來的料裡，以及各種感官體驗，這裡可說是實現品牌價值的地方。」他們雀躍地分享。

未來的目標
是努力成為能帶出食材鮮甜原味
世界第一的琺瑯鑄鐵鍋

VERMICULAR Village 主要分作兩區，一區為 STUDIO AREA，以開放式大廚房為中心，這裡是土方智晴最喜歡的地方，他分享，「我會跟公司主廚在這裡研發菜單，找到鍋子可以做出最強料理的方式！」另一區 DINE AREA 結合餐廳、咖啡廳、烘焙坊，供應主廚們設計的菜單，餐點皆由 VERMICULAR 廚具製作，許多客人用餐後為了讓美味體驗延續，都會順手購入幾樣廚具。

這般重視顧客體驗的精神，不只體現在 VERMICULAR Village，還延續至品牌專屬的維修服務（Repair Service）。他們早在成立之初，就秉著「要讓鍋具陪伴客人一輩子」的信念，針對持有鍋具的顧客提供維修服務。也確實，多數用慣 VERMICULAR 的人們，對鍋具本身都會有感情。維修服務讓顧客能將表層因使用而破損的鍋具送回原廠，維修人員會除掉外層琺瑯重新上釉，再將宛若全新的鍋具送還。即便品牌後續拓展至海外，基於技術考量，難以向日本以外的國家提供同等維修服務，卻也抱持同樣心意，為海外顧客提供「回收再製服務（Recraft）」，讓大家可以將鍋具送回日本工廠，熔解成原料後再重新打造。

「從零開始，每一步都相當辛苦。」土方邦裕有感而發。

然而，每每見到顧客們享用料理時的感動神情，或是聽聞大家使用鍋具的喜悅回饋，他們心中便充滿成就感。能讓工廠職人們以專業為傲，讓地方居民以品牌為榮，甚至世界各地的用戶能因 VERMICULAR 而認識日本小鎮與工藝的故事，一切辛苦就都值得。「我們就是希望人們透過 VERMICULAR 獲得最棒的美好生活體驗。」

更輕量的第二代琺瑯鑄鐵鍋

土方邦裕說，自己從新冠疫情後開始頻繁在家做菜，「搭配自己的 VERMICULAR 鍋具，不論煎、煮、炒、燉、或無水烹調，都可以只用最簡單的食材就吃到美好的原味，單純又健康。」至於土方智晴，不只在家跟公司都使用，連到戶外野營都會帶上 VERMICULAR。

他們的日常料理，都是一次次對自家產品的實驗，新的點子也往往就這麼出現。2023 年底 Oven Pot 2 登場，第二代的鑄鐵鍋更輕在使用和清潔上更輕鬆，而且還能更快速做出美味料理，土方智晴分享，「因應 Oven Pot 2 我們設計了全新的調理方法『無水煎烤』，從中試了很多類型的料裡，其中有一道是『無水紅蘿蔔』，很多人不敢吃紅蘿蔔，但這道菜讓那些人都敢吃了！」以鍋具探索烹調方式，進而讓人對某種食材改觀，對他來說是最有成就感又美好的事情。

從第一個 VERMICULAR 琺瑯鑄鐵鍋問世，至今已十餘年，土方邦裕語氣堅定地說：「目前 VERMICULAR 已是日本具代表性的琺瑯鑄鐵鍋品牌，未來的目標，是努力成為能帶出食材鮮甜原味世界第一的琺瑯鑄鐵鍋。」

◆ 跟恆隆行的關係已經超越原廠與代理商

土方智晴表示,「當初選擇與恆隆行合作,主要是因為社長與我們都很滿意當時的合作提案,加上恆隆行有完整的售後服務團隊及代理許多國際品牌的經驗,且先前恆隆行團隊來訪日本時,人員的氣質和品味也都非常好,跟 VERMICULAR 非常搭配。」他們與恆隆行不僅對美好生活體驗有著共識,恆隆行多年來經營售後維修服務的經驗也令他們十分信任,「與恆隆行的關係已經超越原廠與代理商的關係。」

VERMICULAR 在 2019 年被引進台灣,透過恆隆行創意的 KOL 經營策略,「小 V 鍋」的親切暱稱成功打入台灣市場。土方邦裕回憶道,「2019 年 IH 琺瑯鑄鐵電子鍋在台灣上市,我有去參加新品發表會,看到恆隆行邀請了很多 KOL 及名人來參與,以及 VERMICULAR 受到很多歡迎,當下深受感動!」未來為了環境永續,也希望在海外的售後服務可以有更佳的配合,更加深雙方的合作關係。

Always with A Twist

設計即是我們
天天都能慶祝的生活

| 專訪 |

LEXON

執行長 Boris Brault

TEXT by 黃銘進　PHOTO COURTESY of LEXON

我們維持簡約的設計
但會加上充滿創意的小巧思

步入室內，按一下長得像蘑菇的 Mina 氣氛燈頂部就能變換亮度；鬧鐘響起，把 FLIP 玩轉鬧鐘翻面就能再貪睡一下；想在洗澡時來點音樂，TYKHO 3 經典收音機藍牙音響或 Mino X 防水音樂膠囊都防水，都是不錯的選擇……LEXON 的產品設計從不無聊，玩味與創意總能從外型延伸到使用方式。

品牌之下多元的產品線，涵蓋了照明與氣氛燈，音響、時鐘、耳機，甚至皮夾、背包等，每件產品都在色彩與輪廓的拿捏上精巧得宜，人們選用 LEXON 產品後，便能輕鬆為生活增添藝術氣息。

現任 LEXON 執行長 Boris Brault 興奮地分享，「還有新的 Mina L Audio（LED 燈藍牙揚聲器）尤其令我期待！它將我們燈的優雅與藍牙音響的功能結合，這正是 LEXON 善於混玩元素、超越大家期待的體現。」

源於生活的設計才能跨越時空

外界比喻 LEXON 產品「彷彿藝術品」，絕非誇大其辭。這個源於法國的品牌，三十多年來已榮獲超過 180 座全球設計獎項，經由與世界各地才華洋溢的設計師、藝術家合作，碰撞與時俱進的火花，推出許多形同美術館藏品的家居物件，甚至成為紐約 MoMA 現代藝術博物館永久典藏。

創辦人 René Adda 的信念是：簡約的設計，蘊藏著提升生活風格的能量。

品牌最初創辦於 1991 年，歷經不斷擁抱創新想法的 30 年，保持著初心 —— 注重設計與實用性，持續創造好用、美觀、價格好入手、又帶著趣味童心的好設計。René Adda 曾以這樣的話語來形容設計：「設計即是我們天天都能慶祝的生活，它是最準確、謙遜且幸福的翻譯詞。」LEXON 的一切都源自於生活靈感，也因此能夠超越時空侷限。

LEXON Mina 氣氛燈蘑菇般的造型配上小巧的尺寸，放在任何角落都能創造有趣又帶個性的氛圍。

LEXON
執行長 Boris Brault

執行長 Boris 談起品牌，首先便提到：「LEXON 致力賦予日常物件優雅的氣質。」他認為，這樣的信念體現於三個面向：「將日常產品融入美感與時尚、透過直覺性功能最佳化使用者的體驗，以及透過創新產品激發生活靈感。」而最終要服務的，正是渴望提升生活品質的人們。

這一切理應實現於無形之中。

「使用著那些會令你會心一笑的物品生活，甚至根本不會注意到這些設計，幫我們完成了許多大小事，這是我心中的美好生活。」他分享，LEXON 所做的是在產品設計上加倍努力，讓人們的生活毫不費力。

在這個時代，低科技也是一種新態度

經常參與自家產品設計的 Boris，自信地告訴我們：「真正的好設計是永恆經典的！在這個被科技淹沒的世界，我們相信『低科技』是另一種『新炫酷』。」

仔細端詳 LEXON 產品，除了外觀上都傳達著「少即是多」哲學，還總能輕易為使用者帶來驚喜感，「我們維持簡約的設計，但會加上充滿創意的小巧思（twist）！」就像經典暢銷的 TYKHO 3 經典收音機藍牙音響，方方正正、幾何元素構成的外觀，全部以矽膠材質包覆，看起來就如小孩的玩具。其最初版本是讓人可聽 FM 的收音機，「推出時正處 90 年代，它顛覆了當時收音機通常龐大、灰色、又很多按鈕的印象，徹底改變了這種產品的格局。」這也是為何 TYKHO 當年以「Rebirth of Design」為題登上《TIME》時代雜誌封面，變成人們對於「法國設計」的代名詞，隨後更成為紐約 MoMA 現代藝術博物館、法國龐畢度中心的永久館藏。

而像 FLIP 玩轉鬧鐘，一面是「ON」一面是「OFF」，長方體外型結合直覺設計，想打開或關閉鬧鐘只需翻個面，彷彿跟貪睡的使用者達成默契，也讓起床時刻多了好玩的新意。擁有可愛蘑菇造型的 Mina 氣氛燈，只需按壓燈罩，就能輕鬆變換空間氛圍；如果想再多一點變化，Luma 多彩觸控氣氛燈可以多盞一起使用，藍牙連接同步啟動、調整色彩，讓屋裡亮燈的畫面融入節奏和個性。

比起設計趨勢，我們感興趣的是行為趨勢

從不自我侷限，一直鑲嵌於 LEXON 的設計中。談到未來策略，Boris 說：「我們不設限任何的可能。以原有的核心精神為基礎，我們也樂於探索新的產品類別，呼應遠距辦公等不斷演變的時代趨勢。」這與品牌本身追求雋永長久的設計精神並不衝突，反而說明了好的設計，應該是能夠因應時代演進的趨勢。

而對於因應趨勢，Boris 也強調，「我們對設計趨勢不感興趣，而是對行為趨勢感興趣！了解消費者需求並預測未來趨勢，是我們的首要任務。」即使 LEXON 坐擁全世界最頂尖的設計團隊，品牌也從不在外觀或科技上盲從，而是善用設計的原創性，達成實用而舒適的使用者體驗。

同時身兼 BOW 集團董事的他回想，集團在 2018 年收購 LEXON 時，有一款處於開發階段的無線手機充電座 Oblio，本來只是單純的充電座，但因他們當時察覺周遭討論衛生的話題變多了，於是決定再多幫這項產品加上紫外線消毒（UV-C LED）的功能。後來，新冠疫情襲來，「這被證明是個成功的押注。」

下一步，前進餐廳及旅館業市場

如今 LEXON 定位為「accessible premium brand（平易近人的優質品牌）」，在許多知名的設計精品店和百貨公司，如紐約 MoMA 紀念品店、拉法葉百貨、樂蓬馬歇百貨等，皆能看見 LEXON 的身影，此外，LEXON 也積極在世界各地設立據點，一步步進駐各

國主流的銷售通路，觸及更廣大的大眾市場。他們相信：「優秀的設計除了與時俱進，也應該讓所有人接觸到。」

Boris 還說，「其實 LEXON 創立之初，是專注於為 B2B 客戶提供定制禮品的服務，這種做法在我們今天的銷售額中仍佔有很大比例。未來我們的目標是將這種靈活性，擴展到與當代藝術家或生活風格品牌合作的獨家系列。」他透露品牌當前也正在探索如旅館和餐廳這樣的新場域，期待在這些空間中，帶入一些 LEXON 的獨特氛圍。

除了以設計見長，也長期在商業端耕耘的 LEXON，和具現代感的旅館與餐飲業，調性本就十分契合，尤其近年 Mina 氣氛燈系列與 Luma 多彩氣氛燈的成功，證實他們的照明產品線愈趨完整，融入了同步串聯的技術，實現眾多器具的無縫遠端連接，應用在旅遊或用餐的場景，無疑是絕佳搭配。

懷抱將美好設計普及於日常的理想，LEXON 持續透過美學與創新，將更多產品帶往世界，不分國界地成為人們日常體驗的一部分。Boris 笑著說：「最好的風景我們還沒見到呢！」

1　LEXON TYKHO3 經典收音機藍牙音響放在哪裡都引人注目，還被列入紐約 MoMA 現代藝術博物館收為永久館藏。

2　LEXON MinoT 隨手掛藍牙喇叭不僅輕便好攜帶，還能防水，帶著一起登山或露營都好適合。

3　LEXON Mino+ 迷你音樂膠囊體積雖小但聲音非凡，榮獲德國紅點設計獎。

1

2

◆ 期待未來更多的合作

Boris 談到 LEXON 與恆隆行的合作,建立在扎實的信任之上,是個非常寶貴的開始。

「恆隆行是我們新的合作夥伴,協助 LEXON 探索台灣的零售市場,並讓大家開始認識我們。LEXON 的產品在恆隆行的行銷策略下,成功掀起台灣市場的風潮,我們期待未來與恆隆行攜手創造更多!」確實,透過恆隆行專業的代理與詮釋,在台灣也有越來越多人成為 LEXON 產品愛用者。「在台灣,我們才正要開始呢!」

隨著恆隆行將 LEXON 多元的產品引入,我們對生活畫面和室內空間的靈感也會層層疊加,在好設計的環繞下,日復一日挖掘新的啟發。

3

將熨燙視為時尚行為
Dior 與 FENDI 都是它的愛用者

| 專訪 |

LAURASTAR

共同執行長 Julie Monney ╳ Michael Monney

TEXT by 林云庭　PHOTO COURTESY of LAURASTAR

熨燙衣物時，隨氤氳蒸汽所至，面料上的皺摺像被施展魔法般一一撫平，生活中的雜緒彷彿也隨之平整，日常的療癒莫過於此。

有「百年瑞士八大發明之一」美譽的 LAURASTAR，兩位共同執行長 Julie Monney 與 Michael Monney 向來認為，熨燙不只為了使衣物平整，更是為了人們的時尚生活存在。

Michael 直言：「我們的產品和技術能讓服裝的亮麗外貌更加持久，這是一種『時尚』行為，是所有注重外表的時尚愛好者，生活中不可或缺的一部分。」

Between Ironing
and Fashion

因時尚而生，並成為慢時尚推手

LAURASTAR 自創始以來就與時尚關係密切。

1980 年品牌創立之初，以其合作的國際知名設計師、有「羊絨皇后」之稱的 Laura Biagiotti 作為命名靈感，「其實像 Dior 和 FENDI 等精品品牌，也都是 LAURASTAR 的愛用者。」Julie 透露。

四十多年前，創始人 Jean Monney 以卓越的工藝與設計，打造頂級珍貴衣物熨燙護理系統，展開 LAURASTAR 與時尚產業密不可分的淵源。多年後，由 Julie 與 Michael 共同接手的 LAURASTAR，則透過另一種方式傳遞時尚基因。

Julie 說：「如今 LAURASTAR 是慢時尚的推手之一。」相較於推陳出新速度飛躍的快時尚，他們觀察到有一群支持「慢時尚」的消費者，崇尚購買少而高質量的物品，因為衣物材質好，可長久穿搭，減少時尚產業對環境的負擔。

雖說每一季推出的流行衣飾總令人目不暇給，但擁有一件經典高質量單品，卻能讓人感受所謂的歷久彌新。經典單品只要細心保存、維護，無論何年欣賞都依舊感受其魅力，還能輕鬆透過不同搭配展現新意，這樣的慢時尚具備可持續性，也體現了琢磨後的品味。

Michael 說：「LAURASTAR 提倡慢時尚，鼓勵消費者在『質』與『量』之間選擇前者，並透過熨燙延長衣物的壽命。」去除褶皺後不僅使衣物狀態更好，柔和而有效的熨燙也有助防止磨損，保持織物的質量和結構。

跨界與 Lady Gaga 欽點的設計師 Kevin Germanier 合作

對於品牌與時尚的連結，Michael 分享：「與設計師合作是 LAURASTAR DNA 的一部份，這些合作使我們融合時尚與布料護理。我認為我們的產品不但具備實用功能，還能符合時尚需求，這是將來品牌發展的重要核心。」

1

2

LAURASTAR

共同
執行長　Michael Monney ✕ Julie Monney

如今 LAURASTAR
是慢時尚的推手之一

1 LAURASTAR 與瑞士的新銳設計師 Kevin Germanier 共譜作品，象徵
與時尚緊密連結，以及開拓未來產品的可能性。

2 LAURASTAR 提倡慢時尚，並鼓勵消費者透過熨燙延長衣物的壽命。

2023 年，LAURASTAR 與同樣來自瑞士的新銳設計師 Kevin Germanier 共譜作品，既是象徵此願景的重要里程碑，也進一步開拓未來產品發展的可能性。

Kevin Germanier 以再生原料創作聞名，擅長使用金屬與廢料勾勒服飾輪廓，曾受到 Beyoncé 和 Lady Gaga 欽點訂做服裝。Julie 雀躍地分享他們與這位設計師的結識，竟是一通電話就開啟兩端共鳴：「在 2022 年 Kevin Germanier 巴黎時裝周第二場秀後，我親自給他打了通電話，發現我們有著非常相似的價值觀，從家庭、瑞士文化到永續時尚，這簡直是一場天作之合！」

有趣的是，Kevin Germanier 第一次造訪他們瑞士 Châtel-St-Denis 的總部時，看到 LAURASTAR 第一款標誌性產品「Asse di Cuore」，驚訝表示這款有心型圖案的熨燙機，是他孩提時代見母親使用的機型。這個巧合，促成了他們這次合作的心型元素聯名系列。

Julie 描述：「LAURASTAR 與 Kevin Germanier 的聯名系列，充分融合雙方的創意與專業。」熨燙板外觀披覆了隨環境光線及角度變化的流體多彩色調，出自專門手繪豪華汽車的工作室，而從熨燙板到燙板套都是手工製作，整體有 90% 用料來自再生材質。「每一個物件上都有獨立編號，並附上以 Swarovski 水晶製成的心型吊飾，更賦予這個系列獨特性與收藏性！」她補充道，不只如此，這系列也完整體現出 LAURASTAR 的品牌核心，始終圍繞著家庭、時尚、工藝與永續。

當專業級熨燙技術走入家庭

LAURASTAR 能不斷開發讓人耳目一新的產品，以領航姿態融入時代，歸功於品牌對創新價值的重視。

在亞洲地區越來越精巧的家居空間，對微型化產品的需求日漸攀升，Julie 認為「小型化設計的確是目前重要的趨勢，特別是在亞洲。未來會推出何種產品，雖然現階段無法談太多，不過對應不斷變化的趨勢，我們很樂於繼續開發更小型、更節省空間的產品，像目前推出的手持蒸汽掛燙機 IGGI，就是符合這種趨勢的產品。」

Michael 說：「『創新價值』是 LAURASTAR 的核心之一，我們不斷突破界限，為消費者提供新的解決方案和服務。也正是這樣的承諾，促使了 DMS 細緻乾式蒸汽技術的開發，使熨燙過程更加高效、方便，並讓使用者樂在其中。」

LAURASTAR 獨家研發的「DMS 細緻乾式蒸汽技術」，是讓專業熨燙技術走入家庭市場的關鍵。其顯著特點，是可以長時間保持穩定的高壓高溫，最高至 160 度的高溫，讓水分子維持在完全汽化的狀態而不燙手，使蒸氣迅速深入纖維，適用所有材料和表面，即便面對纖細的高級織物也能快速撫平。並經實驗證實，DMS 技術還可有效殺死 99.99% 的病毒、細菌及微生物，並且 100% 消滅導致呼吸道過敏的塵蟎與臭蟲。

品牌團隊發現，歷經了新冠疫情時期，大眾認知到紡織品是病毒與細菌的媒介之一，因此越來越多人從室外返家後，養成將衣物與家用品消毒的新習慣。而結合了 DMS 技術的熨燙產品，能適切協助大家呵護衣物與居家空間，並在減少機洗程序與化學品使用的

過程，大幅降低對人體健康與環境的影響。

為了讓 DMS 這項溫和又可靠的技術，深入不同生活情境，他們開發出各種型態、尺寸的熨燙系列。Julie 自己平常就用了好幾種的品項：「當有重要會議或晚上要外出時，我會使用 LAURASTAR SMART 智慧熨燙護理系統，全面護理我的衣物布料；若只是要短暫外出，我會拿出方便移動的 LAURASTAR LIFT 高壓蒸汽熨斗，迅速整理一下我的夾克；由於我經常差旅，所以總是會放一台 LAURASTAR IGGI 在行李箱中，隨時隨地都能熨燙；或在家中時使用 LAURASTAR IGGI，確保孩子們的玩具和毛毯被妥善消毒。當然，還有 LAURASTAR IZZI 蒸汽掛燙消毒機可以讓塵蟎遠離我的床墊及寢具」。

好上手又高質量的熨燙產品，延續著第一眼見到服裝時的感動，更讓使用者能以自信的模樣迎接生活。「我們汲取過去的經驗，但不為過去所困。」Julie 堅定說，無論對於趨勢還是技術，LAURASTAR 都會不斷探索與進化，創造更多連結著服裝、時尚、與生活風格的時刻。

1　SMART 智慧熨燙護理系統擁有 LAURASTAR 最全面的核心技術，擁有專業級熨燙產品才配備的鼓風、吸風系統。

2　LAURASTAR LIFT 高壓蒸汽熨斗能在 5 秒快速熨燙殺菌，輕鬆去除褶皺，一次熨燙就實現令人滿意的效果。

3　LAURASTAR IZZI 蒸汽掛燙消毒機結合抗敏科技，能 5 秒快速消滅 100% 臭蟲、塵蟎、過敏原，與 99.99% 病毒。

4　LAURASTAR IGGI 手持蒸汽掛燙機方便攜帶，是外出旅行的好夥伴。

3

1

2

4

◆ 合作夥伴需重視品質和消費者，更要具備家庭傳承精神

Michael 分享他們是如此挑選合作對象：「首先一定要熱愛好品質的商品，並且如同家族企業般擁有家庭傳承精神，最後一樣是『以消費者為中心』，關懷使用者需求和滿意度，這對於建立消費者信任與忠誠來說是很重要的心態。」這是為什麼他們選擇恆隆行作為台灣代理商。

「我們從 2019 年開始與恆隆行合作，對短短幾年間就達到這樣的成果深感驕傲。」善於打造體驗的恆隆行，不只將 LAURASTAR 佈局至台灣的高級百貨，更讓消費者能在櫃位上試用熨燙產品，現場感受使用 LAURASTAR 蒸汽熨燙過後的的衣物效果，藉由實際體驗，讓 LAURASTAR 走入更多人的家中。

Choosing a Plastic-Free Future

實踐一個無塑的未來

| 專訪 |

Stasher

資深國際業務總監 Jenna Carroll

隨著環保意識抬頭，人們日漸重視一次性塑膠製品的問題。儘管塑膠製品對環境與人體的危害已非新聞，但要改變人們長久以來的使用習慣並不容易，畢竟日常生活中充斥著物件分裝、打包的需求，塑膠袋又那麼好用，該如何平衡環保與便利性？來自美國加州的 Kat Nouri，用 Stasher 找到了答案。

TEXT by 蔡伊盈   PHOTO COURTESY of Stasher

Kat Nouri 出生自伊朗，10 歲時與家人移民到美國，媽媽是營養學博士，爸爸是職業運動選手，耳濡目染之下，Kat Nouri 從小就意識到食物、健康與環境之間的相互影響。

2005 年 Kat Nouri 不僅是三個孩子的媽媽，同時經營一間以食品級矽膠生產餐墊、杯墊和嬰幼兒產品的公司「Modern-Twist」，事業發展得順遂。在 Modern-Twist 的成功經驗，讓 Kat Nouri 開始進一步思考：還能用矽膠做些什麼？

有天，她看見自家五口每天產生的垃圾、一次性塑膠袋的驚人數量，腦中因而浮現清晰的想法 —— 這就是她要解決的問題。當時市場上並無可以取代一次性塑膠袋又便利的理想產品，Kat Nouri 便著手研究如何打造外型精美、多功能、無塑膠，且無需擔心丟失零件的袋子，Stasher 於是誕生。

成為塑膠袋以外的新選擇

Stasher 資深國際業務總監 Jenna Carroll 說：「我們的理想是提供一個好用的產品，進而鼓勵大眾不再使用一次性塑膠商品。」打造一個無塑的未來，是 Stasher 創立品牌的初衷。

創辦人 Kat Nouri 曾分享，她發現一般人花費許多心思與成本，去挑選無毒或有機的健康食物，卻在保存食物或烹調時，使用含有數千種有毒化學物質的塑膠袋或容器，實在非常不合理。

Kat Nouri 將 Modern-Twist 的獲利投入 Stasher（註），最終花了四年時間，成功研發「Pinch-loc™ 封口設計」專利，也讓 Stasher 成為市面上第一個推出擁有該專利

的食品級矽膠密封袋。而後品牌在國際家居用品展上亮相，立即受到矚目，更接連獲得全球創新獎和紅點設計獎。

Stasher 矽膠密封袋看似簡單樸實，其實研發和設計過程充滿挑戰。Kat Nouri 堅持整個密封袋、包括封口部分，都以無毒的有機矽膠製作，有機矽膠可以使用數千次，論耐用程度，長期以來絕對是節省、環保又助於垃圾減量的塑膠替代方案，與她成立品牌的使命相互呼應。

Jenna 強調：「矽膠的材質特性具備許多優點，有塑膠的靈活，保有玻璃的透明度，還耐高低溫且易於清洗。」搭配 Pinch-loc™ 封口設計專利，可確保裝熱湯或醬料時不怕漏出，整個袋子可以直接放微波爐加熱，也可以放入冷凍庫的零下空間，能應用於真空低溫烹調，還能安心放進洗碗機。而最新的碗形設計本身直接放置就能站立，使它在裝了食物後不怕擠壓毀損，收納於冰箱時更一目瞭然。

人人都開始創造自己的 Stasher 用法

然而，要真正解決一次性塑膠袋的替代問題，就必需讓產品應對生活中大大小小的保存需求。「Stasher 因此開發出各種形狀與尺寸的密封袋，讓生活習慣不同的族群，都能找到適切的選擇。」Jenna 分享。

經常下廚的料理人，可用 Stasher 保存生鮮食品、吃剩的熟食，下一次備餐時直接從冰箱中拿出食材，連同密封袋一同解凍或加熱，充分省下料理時間，增進烹調效率。學生族群可使用 Stasher 收納文具或線材，在裝滿東西的書包中，透明的矽膠袋讓人更方便尋找小東西。經常旅行的人們，則可用

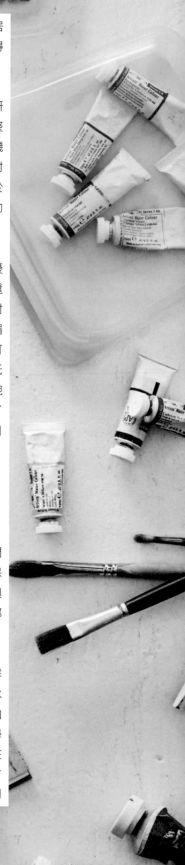

Stasher 分裝盥洗用品與容易受潮的零嘴，高密封不怕漏的特性，即便經過大幅移動或晃動，也能妥善保護好袋內物品。

隨著產品推出的顏色和樣式越來越多，品牌使用者的年齡層也越來越廣，從 Facebook、Instagram、TikTok 等各大社群平台上，每日都能看見不同身份的人們，迫不及待展現自己的創意與時尚用法。至於 Kat Nouri，則透露過自己最愛拿 Stasher 裝還發熱的離子夾，如此一來便不必等離子夾降溫，能直接扔進行李箱然後出門。

近年 Stasher 還推出 Beauty 系列，首度進軍美妝市場。全新的 Beauty 系列，除了延續原先本質，還額外考量了要放刷具、化妝瓶罐的需求，來特別設計尺寸，外觀上則多了菱格紋路，讓矽膠材質的袋子增添了時尚的精品質感。推出之後便上架至美國第一彩妝通路 SEPHORA，並以非美妝品牌之姿在通路中拿下出色成績，對 Stasher 而言是全新的里程碑。

無塑未來展開中

儘管 Stasher 相當耐用，但品牌團隊也認知到久用之後的某一天，產品還是可能結束生命週期。於是他們在美國與回收公司 TerraCycle 合作，特別擬定回收再製計畫，讓每一個無法再使用的 Stasher 產品，都可以運送到 TerraCycle，經回收加工處理，再製成遊樂場的地面小石頭或跑道表面。

此外，作為一個倡導無塑運動的品牌，Stasher 也透過「Stasher Gives」回饋計劃，積極捐贈環境保護相關的非營利組織，並承諾在各種業務層面保護地球，希望在整個供應鏈中減少使用塑膠或包裝廢棄物，例如批發訂單不再使用 PE 袋、官網直營銷售無包裝、使用可回收材料製作宣傳品等，都能感受到團隊的用心。

Jenna 說：「正因為 Stasher 堅信人們所做的每一個選擇，無論多小，都有其積極的影響。」每一次使用 Stasher，使用者都是在減少使用一次性塑膠袋，這些微小動作累積可以造成重大改變。根據統計，每個 Stasher 天然矽膠密封袋可以替代 260 個塑膠袋，團隊分享，到目前為止，使用 Stasher 的社群已經阻止超過 50 億個塑膠袋進入廢棄物流與下水道。

Stasher 期待的無塑未來，持續如火如荼地展開。

註 | 2018, Emeryville Small Biz Profiles: Stasher Bag – Saving the Planet One Reusable Bag at a Time

---

VIEWPOINT ———

◆ **恆隆行是 Stasher 信賴的台灣市場專家**

Jenna 分享，在 Stasher 品牌團隊眼中，恆隆行不僅是超棒的代理商夥伴，更是台灣市場的專家，不僅會想辦法讓 Stasher 更貼近台灣人的日常生活，也一起將他們重視的無塑精神推廣出去！此外，恆隆行運用豐富的通路經驗，透過創意行銷手法觸及實體與數位通路的消費者，期待未來一起拓展新的零售商品類別。

從減少廚餘量開始，
對地球好一些

│ 專訪 │

SmartCara

執行長 Irene Lee

TEXT by 陳育晟　　PHOTO COURTESY of SmartCara　　EDITED by 彭永翔

大醬湯、烤五花肉、辣炒魷魚、海鮮煎餅、各種韓式小菜…… 光看到就令人食指大動,但做菜過程與用餐後留下的廚餘,卻使人煩惱。

只見韓國男神玄彬,輕輕鬆鬆按下處理鍵,廚餘就在機器中化為少量粉末,處理過程不只沒有異味與噪音,也無需擔心廚餘汁液噴濺,弄髒身上的淺藍色上衣和白色長褲 —— 這是在韓國銷售第一的 SmartCara 廚餘機,找來玄彬代言的最新廣告。

「在韓國,對許多剛搬進新家的新婚夫妻而言, SmartCara 的廚餘機,是最受歡迎的家電之一。」SmartCara 執行長 Irene Lee 說。

然而,回到 SmartCara 成立的 2009 年,當時在家使用廚餘機的習慣尚未普及韓國市場。如何讓一個對大眾而言相對陌生的品項及使用行為,走入人們的生活,並且成為韓國廚餘機銷售第一的品牌, Irene 與我們分享品牌一路走來的旅程及初衷。

Be Close to the Clean Earth

SmartCara 的出現
就是希望在不傷害環境的前提下
讓每個家庭都能使用廚餘機

SmartCara

執行長 Irene Lee

將工廠設於韓國，讓產品都在韓國製造始終是 SmartCara 的堅持。

從讓環境更永續的初衷開始

根據市調機構 Reliable Business Insights 調查，隨著民眾環保意識提高，廢棄物處理永續方案持續增加，還有智慧家居技術日益成熟，廚餘處理器市場以每年 9% 的複合年增長率成長。

只不過，傳統的廚餘處理器並不好用。

Irene 分享，雖然在大型學校或醫院中，都會配備在歐美行之有年的大型廚餘處理機，但這樣的「鐵胃廚餘機」，其實僅是將廚餘丟進水槽，藉由機器絞碎後排進下水道，而亞洲人飲食習慣又比較油膩，絞碎的廚餘排入下水道後，更容易發臭、滋生蚊蟲和細菌，暴雨來臨時還常讓下水道堵塞，對環境一點都不友善。

在過去，假如不用鐵胃廚餘機，就得耗費更大心力清理廚餘，還得對抗漫天飛舞的果蠅。Irene 認為，「擁有平衡的生活才會健康，如果把太多時間和精力，都只放在一件惱人的事情上，不只容易疲憊，而且在短時間內會耗盡自己所有的心神。」

Irene 談到韓國其實有六成的廚餘來自家庭，台灣可能也類似，根據 2018 年韓國環境部統計，每天韓國的食物垃圾量就高達 14,477 噸，「SmartCara 的出現，就是希望在不傷害環境的前提下，讓每個家庭都能使用廚餘機。」這就是品牌成立的初衷。

為此，研發團隊投入了將廚餘減量、除去廚餘味道的研發過程，導入過去十多年的智慧偵測廚餘性質和量體的科技演算紀錄，在機體中設計 125°C 高溫乾燥功能，結合高效研磨技術，不只可以達到最佳乾燥處理效果，並大幅減少 90% 廚餘量。且經處理後的廚餘，已化為乾燥顆粒或粉末。

Irene 和研發團隊參酌韓國、台灣飲食習慣後發現，一般三到四人的小家庭，每天產生的廚餘約 300 到 500 公克，若以一台 SmartCara 廚餘機最大處理量為兩公升來算，大概兩到三天倒一次廚餘即可，而且可直接倒進一般垃圾桶。而獨家研發的三合一複合式濾芯匣，裡面裝有三種不同活性碳，可以捕捉廚餘酸、甜、苦、辣等味道，使廚餘不會成為惡臭來源。在每週使用兩到三次的前提下，也只要三到四個月更換一次耗材即可。

如何打造一台超安靜的廚餘機？

面對傳統廚餘機帶來的雜音問題，研發團隊則將廚餘機運轉聲降到只有 26.5 分貝，幾乎等同微風輕拂過的聲音，可說是目前最安靜的廚餘機。

韓國知名馬達大廠 SPG，是這項技術的重要關鍵。

「要能妥善處理廚餘，馬達是最關鍵的零組件。」Irene 指出，有 50 年歷史，在韓國市占六成、排名第一的韓國馬達大廠 SPG，知名品牌 SAMSUNG、Coway、Bosch 都使用其生產的零件。2016 年 SPG 收購

要能妥善處理廚餘，
馬達是最關鍵的零組件

SmartCara，不只幫助 SmartCara 取得更強大的馬達系統，更在「靜」方面，扮演重要角色。

噪音的大小取決在馬達、排氣扇及控制加熱系統的軟體上。「從接手 SmarCara 的第一天開始，我就很重視智慧化、數據。」不只從機身運作中累積數據、持續滾動優化修正，更開發最新演算法，用來控制馬達、排氣扇速度與加熱機組。如今累積十多年數據，讓她格外有信心，「這不是我們的競爭對手能輕易超越的事情。」

從無螺栓機身感受設計的細節

Irene 記得在品牌剛推出不久，很多消費者原本沒看過實體機器，只是聽聞朋友描述 SmartCara 好用，「然而看到機器外觀後，馬上就被其設計和顏色吸引。」

為了在最短時間抓住消費者的目光，SmartCara 團隊在設計面下了很大的功夫。

純淨白或酷銀灰的色調設定，簡約、流線型的設計，柔和地融入廚房或家中的日常風景。同時，為了確保外觀保持流線型，SmartCara 團隊也堅持儘量保持「無螺栓」的設計，「仔細看，你會發現很難在我們的機身外觀上看到螺絲。」Irene 說。

SmartCara 的設計不只席捲韓國市場，更在全球銷售突破百萬台。「如今，我們已在韓國市場站穩腳步，也讓鄰近國家市場紛紛感受到廚餘機的潛力。」Irene 樂觀看待，當前已有 15 個海外據點的 SmartCara，未來絕對有實力拓展地更快。

市場規模、飲食習慣與韓國相近的台灣，便是下一個 SmartCara 銷售的熱點。

1 / 2

SmartCara 極智美型廚餘機追求近乎無螺栓設計的簡約外型，搭載著運作噪音極低的系統，成為廚房裡的優雅存在。

「台灣市場對我來說，非常有趣。」她觀察，台灣和韓國都不算是消費大國，規模相對小，人口密度卻很高，對於生活品質的追求也很像。事實上，台灣的剩食問題比韓國更嚴重，每年平均浪費約 62 噸食物，可以堆成超過一萬座台北 101 大樓。她相信，藉由廚餘機減少家庭產生的廚餘量及氣味，可以為台灣環境帶來正面效應。

社交禁令反而成就關鍵成長

Irene 坦言，最初品牌在拓展知名度方面並不容易。但後來，消費者把廚餘機買回家，開始發現濾芯、馬達的神奇之處，逐漸口耳相傳，使品牌慢慢地在韓國市場站穩腳步。

不過，真正迎來高速成長，是在新冠疫情來襲的那三年。受到社交禁令影響，不管是上班族、學生、家庭主夫主婦，待在家的時間都變多，也因為餐廳多數沒營業，只能自行烹飪，不少人發現廚餘帶來的種種問題後，決定訂購 SmartCara。

一路以來，SmartCara 與不同的代言人合作，持續開拓新市場，例如 2022 年與知名女演員孔孝真合作，2023 年則邀請因《愛的迫降》再創演藝新高點的玄彬代言。Irene 談到之所以與玄彬合作，主要是因為玄彬在 2022 年才剛與共同演出的孫藝珍步入婚姻，象徵著一個家庭的開始，「我們希望，世界上每個角落的新婚夫妻，在共組家庭時，也能將 SmartCara 放在他們的願望清單中。」

後疫情時代，人們更關注與環境共好的時代氛圍；即便市場對廚餘機的需求量變大，「韓國製造」始終是品牌堅持的原則。Irene 表示，不管生產量多少，團隊仍會緊盯產線使用的原料與流程，確保品質穩定，使每一位購買產品的顧客放心、安心、開心，在與可信任的國際銷售夥伴配合下，繼續讓更多消費者體驗擁有 SmartCara 的生活。

「如今我已無法想像廚房中少了 SmartCara，特別是在潮濕的季節。」總是保持家中乾淨俐落的 Irene，習慣在用餐後立刻洗碗，然後將廚餘倒進 SmartCara。許多朋友見她處理廚餘時如此清爽，都跟著她一起成為了產品愛用者。

一旦見過便想擁有，一旦用過便再也無法想像生活少了它，這就是 SmartCara 的魅力。

1

2

V I E W P O I N T

◆ 對 SmartCara 而言，怎麼樣才是好的代理商？

過去一直都有台灣代理商和 SmartCara 接洽，但對 Irene 而言，她最關注的並非代理商的歷年銷售業績，而是他們如何滿足顧客需求，讓顧客生活更輕鬆。她解釋，當顧客使用產品時遇到疑難雜症，撥電話到服務中心後，就應該要有專人解說。

這便是為何 SmartCara 最後選擇與恆隆行合作，「恆隆行和我們溝通很順暢，也對我們非常友善。」為了清楚傳授廚餘機正確使用方式，恆隆行甚至派了一整組客服團隊，到 SmartCara 韓國首爾總部學習機器的操作原理與保養。Irene 說：「這才是好的代理商。」

一張 Style 坐墊與生活的活力
有什麼關係？

走進日本名古屋市區的一棟大樓，白色牆面與木質調地板的簡約設計隨即映入眼簾，牆上用英文寫著斗大標語：「Our philosophy since 1996——One Shines, We Shine, All Shines.」

中文的意思是：一人發光，大家發光，一切都發光。這裡是成立近三十年以來，研發出各種產品，讓全世界數百萬消費者發光的健康與美體儀器集團 MTG 總部。

創始於 1996 年的日本 MTG 集團，從美容美體產品、護脊椅墊、沙發，到家用訓練設備，讓無數消費者不只改善外表，更充實內在心靈。

Our philosophy since 1996 ——————

One Shines,
We Shine,
All Shines.

| 專訪 |

Style

MTG 創辦人兼社長松下剛
MTG Wellness 品牌部長竹中淳也

Be Vital.

TEXT by 陳育晟　　PHOTO COURTESY of Style MTG

什麼是讓人們從內而外發光的「Vital Life」？

「如果要用一個字來形容『美好生活』，我想說的就是『Vital Life』，也就是有活力的生活。」MTG 社長松下剛說道。

細究「Vital」的字義，既能指「生氣蓬勃」，也可代表「極其重要」，這充分說明了 MTG 立足的基礎，公司的願景，就是為全世界人們實現健康、美麗和充滿活力的生活。

在松下剛眼中，能從內到外擁有積極態度，迎向各種挑戰，是人生中最棒的一件事。因此 MTG 旗下的每一項商品，都希望幫助人們達到這種狀態。

成立至今，MTG 不是沒有遭遇過大環境的動盪。舉凡 2008 年的金融海嘯，或是 2020 年起新冠疫情肆虐全球，都曾是集團營運的重大考驗。但松下剛堅信，MTG 從十多位員工的新創起家，一直以來都有「不要浪費好機會」的信念。懷抱這個信念，每一位 MTG 員工都懂得用靈活思維、積極態度迎接變局。「能把危機變成轉機，就是我

們 MTG 的優勢。而每一位 MTG 的員工、眷屬、合作夥伴，也都是充滿活力、不怕挑戰的『Vital 人』。」他自信地強調。

這股精神，正是促使 MTG 旗下的品牌 Style，成為深受日本國民信賴品牌的根源。

希望在家也能感受如按摩師般的可靠雙手

MTG 在開展 Style 品牌之前，是以 ReFa 品牌一系列美容美體產品，奠定集團在「美」方面的地位。而 Style 的誕生，則是讓集團從「美」跨足「健康」的重要一步，服務的對象也從女性擴展到不分男女老少。

要談 Style 的起點，得將時間拉回 2014 年。當時常因腰痛而必須整脊治療的松下剛，突然一個想法襲上心頭。

「我想知道，在家裡是否也可以接受一樣的腰痛治療？或是可以有像按摩師的可靠雙手，支撐我的背部？」習慣隨身攜帶筆記本的他，立即把這個想法化為創意草圖紀錄，並迅速與內部團隊討論。

MTG
創辦人
兼社長 松下剛

MTG
Wellness
品牌部長 竹中淳也

PHOTOGRAPHY by 汪正翔

1

1　Style Chair PM 健康護脊座椅＿雲感款，
　是繼坐墊之後進一步發展的家具商品。

2　Style SMART 健康護脊椅墊＿輕奢款選用
　軟芯彈性材質，引導腰臀保持理想直立
　狀態。

2

為求謹慎，他們特別找來脊椎保健的專家大藤武治進行監修。不斷微調後，終於誕生第一代的 Style 健康護脊椅。「大藤武治老師對此商品的認可，帶給我們對這項產品加倍的信心與肯定。」MTG Wellness 品牌部長竹中淳也表示。

隨著初版護脊椅設計出來，實際體驗試坐後，幾乎所有人都印象深刻。參與其中的竹中淳也描述，前傾的座位設計，幫助坐在上頭的人身體重心保持在前方，引導腰臀保持理想的直立狀態。「人們可以保持良好 S 型姿勢，一定可以成為熱銷商品。」

正式上市後， Style 很快就在日本市場站穩腳步，並開始往台灣、韓國、新加坡等海外市場佈局。

傾聽全世界對維持健康姿勢的煩惱

為什麼一款看似平凡的椅墊，可以跨越生活習慣藩籬，快速在各國市場扎根？背後關鍵，就在於對消費者心聲的仔細傾聽，以及對各國市場的深入觀察。

Style 護脊椅還在雛形階段時，品牌團隊就耐心地做市場調查，從日本消費者過去使用其他護脊椅的感想，發現許多人購買產品後，很常覺得設計不符合人體工學，甚至表示久坐後會不舒適。

於是 Style 擬定了三個獨特設計：第一個是「腰背、臀部直立」，自然前傾的座面設計，使重心保持在前方，引導腰背與臀部保持在直立的狀態。第二個是「支撐腰部」，猶如被雙手支撐般的承托感，輕鬆保持自然 S 曲線。第三個是「分散身體壓力」，人體工學曲面設計，幫助分散腰部、腿部壓力，避免身體歪斜。

「透過結合這三點，讓人們藉由 Style 護脊椅維持『S 型姿勢』，還能『分散體壓』，使身體更健康。」Wellness 品牌部長竹中淳也解釋。

把理想姿勢變成無法取代的好習慣

有愈來愈多人在使用 Style 健康護脊椅墊之後，期望在各種不同的生活場景中，都能感受到這樣的舒適與包覆感，於是團隊回應這樣的需求，研發出車用系列、穿戴系列、沙發、以及最新的健康 Chair 系列，即便每個系列的形狀和配戴方式有若干不同，但依舊圍繞共同理念：把理想姿勢變成無法取代的習慣。

隨著 Style 的產品生態系擴大，消費者幾乎一整天的作息都能與 Style 相伴。

竹中淳也自己也因為腰部問題，所以在公司時會使用 Style Chair PM 健康護脊座椅，讓自己能舒適、長時間坐著處理工作；外出開車時則會使用 Drive S 車用健康護脊靠墊，無論開了多久的車，依然可以神采奕奕面對客戶或親友。

工作以外的私人時間，他每天洗澡後固定使用 Recovery Pole 3D 身形舒展棒，「不管有多疲憊，只要用 Recovery Pole 放鬆、伸展身體，就能從頸部到腰部放鬆上半身，彷彿是重新開機一般。」至於平日在家中看電視、球賽時，他喜歡坐在 Style Chair DC 健康護脊沙發上，「雖然這是單人沙發的設計，但內凹設計可讓腳跟放入，即便是容易膝蓋痠痛的人，也能輕鬆站起來。」Style Chair DC 廣受各年齡層消費者喜愛，也是當前 Style 商品中銷售最亮眼的一項。

「當 Style 各項產品走進超過三百萬人的生活後，我們又繼續想還可以做些什麼，帶給消費者更加 Vital 的生活？」松下剛說道。

當今全球的衛生環境與醫療水準持續提升，人類的平均壽命大幅增加，大家追求的不再只是長壽，而是有更多時間享受的高齡生活。「我們相信健康產業將會加速成長，市場也會變得更大。」對於理想中的 Vital Life，Style 品牌以至整個 MTG 集團都抱持樂觀與信心，期待在每個人想追求更好的生活型態時，成為最得力的支撐，陪伴大家享受生命的富足與活力。

3

─────── V I E W P O I N T ───────

◆ 理解 Style 的設計哲學

進軍海外時，Style 品牌團隊總是謹慎做足功課，「有關『姿勢』的煩惱與問題，看似全世界共通，但每個國家文化、風俗習慣、思考邏輯都不同。」竹中淳也認為必須和各國合作夥伴進行充分討論，了解各地生活習慣與銷售模式，才能展開最適合當地消費者的行銷策略。

而台灣令他們最安心與信任的夥伴，就屬恆隆行。

「恆隆行理解我們的設計哲學，也善用台灣消費者理解的語言溝通。」松下剛表示，他們挑選海外夥伴時首重「互信」。而恆隆行不只對 MTG 理念瞭若指掌，更能精準傳遞 Style 品牌價值，讓更多台灣人領略 Style 的魅力，進而積極擴大市場，成為 MTG 不可獲缺的重要助力。不只 Style 初代商品短時間內在台灣取得銷售佳績，後續 Style 其他系列的商品都同樣在台灣獲得良好回饋。

1

還可以做些什麼
帶給消費者
更加 Vital 的生活？

2

1 Style PREMIUM DX 健康護脊椅墊 _ 頂級款
是椅墊系列的高階款，使用了加厚的低反
彈記憶棉墊，更提升包覆性與舒適感。

2 Style ELEGANT 健康護脊椅墊 _ 高背款，
擁有延伸至背部大面積支撐的標誌性設
計，造型獨特優雅，可以幫助使用者輕鬆
地維持坐姿，是深受女性喜愛的款式。

3 Style Chair DC 健康護脊沙發 _ 木腳款是兼
具支撐性與舒適度的單人小沙發，是 Style
商品中銷售最亮眼的品項。

五位觀點獨特的創意人，持續在各自專注的領域，
提出生活美學的可能性。

景觀設計師吳書原在每一份工作中創造生活的感覺，編舞家何曉玫熱愛
窗景之外不守規矩的生命力，導演張誌騰讓家成為光線創作的實驗場，
攝影師連思博認為美感來自不斷嘗試，插畫家 Eszter 重視家人不同生活
筆觸的凝聚……與恆隆行一起走入他們的生活圈，觀察不同面向的生活
美學如何實踐。

生活版

E

122-161

Lifestyle

① 景觀設計師　吳書原　② 導演　　張誌騰

③ 插畫家　　Eszter　④ 編舞家　何曉玫

⑤ 攝影師　　連思博

一年半前，景觀設計師吳書原遍尋陽明山上的別莊用地，最後越過擎天岡來到金山，找到一處佔地 180 坪、狀態接近廢墟的別莊，距離市中心開車至少 50 分鐘。四周幾乎什麼也沒有，只有遠山和荒野，對他來說再理想不過。有了別莊後，吳書原更喜歡發呆了，他每天最想做的事，就是望向遠處的山放空，想像置身山水畫裡，然後徹底的無所事事。

TEXT by 林云庭   PHOTOGRAPHY by Kris Kang

Landscape Architect Shu-Yuan Wu

景觀設計師　吳書原

只做能照著自己
意念的事

「這間屋子至少 45 歲，又位在硫磺區，之前沒有人每年照顧，鋼筋樑柱鏽蝕了。」吳書原說起整修前的屋況，多處坍塌、鋼筋外露，還有滲水問題，又礙於法規限制無法整棟拆除。買下別莊後，他將大半力氣花在結構補強，使用大量透氣的礦物材質，讓濕度得以下降，同時又保留結構本身的美感，「反正我也不喜歡做裝飾。」他幽幽地說。

經過整修，屋內能開窗的地方都做成落地窗，處處可見陽光灑落，流動著人類最原始的需求 —— 陽光、空氣、水。20 幾坪的三層樓建築，周圍是花園，再望外是樹海，更遠處則有大屯山群峰，吳書原形容就像住進長谷川等伯的《松林圖屏風》，陰晴四季都有不同韻味。

每層樓都是不同的生活理解

踏入一樓，還以為來到秘密會員制的威士忌酒吧。吳書原興奮地分享，「我曾經在一篇報導上，看到日本深山中有一座 Whiskey Hotel，在輕井澤下車後要搭著飯店接駁車前往入住，check in 後就可以開始品嚐博物館等級的威士忌收藏。」穿越靜謐森林、不受打擾地品酒，那畫面堪稱完美，於是別莊中首先落實這個靈感，他還特地規劃了兩間客房，讓一同品飲的朋友住一晚再回去。

二樓以客廳為中心，另有一間洗衣房兼圖書室，他每週分配兩天左右待在那，專心處理工作或跟同事開會，「晚上非常安靜，可說是萬籟俱寂，做事會更有效率！」

1

1　二樓的洗衣房兼圖書室，偶爾是吳書原專心處理工作的空間。
2　家中的藝術品經常是工作上結識的藝術家作品。
3　三樓是由日本古董與榻榻米構成的靜謐空間。

2

3

1

2

上了三樓，又是完全不同氛圍。他笑說三樓像天守閣，全室榻榻米上擺著珍藏的日本骨董，四周沉靜，窗外能清晰眺望遠方，「陰翳、不完美、未完成，很有侘寂美學的狀態。」他會在這個空間禪定、冥想，提醒自己接受不完美與未完成，因為世間沒有事情恆常不變。

院子裡有一座獨立湯屋，湯屋的屋頂任 3 到 5 公分的花草形成天然屏障。天氣好的時候，吳書原會在湯屋裡泡著溫泉、抱著平板追劇，他最近迷上動畫《葬送的芙莉蓮》，裡頭講述活了千年的魔法使，在修行路上如何感受世間，「人生來就是要到地球這個遊樂場體驗、闖關，任務是去把場內的遊戲機台破過一遍，肉體只是載具，你不用把代幣帶出這個遊戲廠！」他熱切地分享。

不刻意、不強求

當前工作哲學，吳書原最大原則是「不強求」，能照著自己意念做的事才做，不能的話寧可都不做，這樣最後剩下的，都會是好人跟好事。

他向來奉行無為而盛的人生觀，「豪奢的生活方式不該奉為圭臬，台灣必須走出自己在世界上有點位置的生活方式。」做景觀設計時，不輕易仰賴翻書、參考國外案例，而是仔細揉合自身過往至今的感覺基礎，去做生活方式的提案，「我厭倦那些假的表徵啊。」他笑嘆著。

幾百年前，千利休提過：「侘者上，欲侘者下。」吳書原深受啟發而認知：「沒有感覺基礎卻要去做，就是模仿。」所以他的景觀作品總以台灣原生植物為主角，在台灣的土地上找到什麼，就呈現什麼。

1

「我如果喜歡京都千年的庭園，搬過去住就好。不需要在不是那個文化的地方，做出那個國家的風格。」工作了近 28 年，在世界旅居了大半輩子，對於家，他認為只要有家人在的地方，世界各地都是家。他也早已分不太清楚工作與生活的界線，因為每一份工作都是在創造生活的感覺。

偶爾忙於工作計畫或受邀當委員時，他會這麼想：「我最後的任務，可能就是把喜歡的生活美學，變成一種可以給大家參考的生活方式。」

2

1　為了讓一起喝酒的朋友能住一晚再回去，一樓規劃了兩間客房。
2　因應十多年來只喝氣泡水的習慣，吧台處放著 SodaStream 氣泡水機。
3　一進門就能見到吳書原特別規劃的居家 Whisky Bar。

每個角落都是最愛

有一回採訪，記者問他接下來最想做什麼，吳書原想了想，發現自己最想做的事，其實只是坐在屋裡發呆。

別莊四面皆有窗景，也到處是閱讀空間，他讓書本灑落屋內每個角落，能隨地坐下就看，享受偶然的字句開悟，有時也一邊喝酒一邊看書，每個角落都是最愛。

屋內大型傢俱以北歐古董居多，都是他喜愛的「有使用痕跡、溫和不刻意的」老件；陳列各個角落的收藏品，許多是他在工作緣份下結識的藝術家作品；器具部分他買了一系列 Snow Peak，畢竟戶外用品耐用又不怕發霉；吧台處放著 SodaStream 氣泡水機，配合他十幾年來只喝氣泡水的習慣，必要時還能快速為自己做一杯 highball。

喜愛爬百岳的他，有感於一個登山的概念：「上坡的過程很辛苦，視野也會變得狹隘，因為滿心都放在登頂的目標，所以開始往下走時，反而可以看得很遠、很細。」

下坡途中正是他心境的寫照，他也笑著解釋，「並不是說我已經達到巔峰，而是我已經沒有想要得到什麼了。」

家是另一座
電影片場

Director
Zhi-Teng
Zhang

結婚後，張誌騰重新裝修了自己的老家，
一座老宅屋就此變成他的創作實驗場。他
在這裡學習創作電影，也學習編織關於家
的一切想像。

張誌騰和猫力早就漂泊慣了。

一人為了拍電影，每年有大半的時間在國外到處飛行；另
一人是旅行作家，居無定所即自己生活的意義。直到五年
前，漂泊的兩人一起走到了紅毯盡頭，回到張誌騰的內湖
老家，安頓下來。

那是張誌騰從小住到大的四十年老宅。婚後，與家人協
商，承租家裡的老宅，他大刀闊斧地進行重新裝修，打通
牆壁、墊高地面、刷上新漆，格局移形換位，原本的主臥
室變成廚房，舊廚房變作閱讀區，院子乾脆不停車了，他
覺得留著做園藝和木工還比較合適。

為了這場大工程，夫妻倆曾請來設計師協助規劃，只是期
程的最末不巧遇上全球大疫，兩人遠在國外無法參與，以
致留下一些尚未圓滿的部分需由張誌騰自己動手完成。對
此他倒是無所謂，「現在大家都在追求一次到位，我反而
覺得一點一點慢慢完成比較好。」況且他本來就熱衷手工
藝，將之禪意地比喻成一種「動態冥想」，「可能拍片也
是，我喜歡這種無中生有的過程。」

張誌騰拍攝《詠晴》時，房子距離裝修完成只差幾步。這
部編導處女作最後拿下了第 58 屆金馬獎最佳劇情短片，
從此，他除了是攝影師，還成了一位新銳導演與新居的男
主人。

TEXT by 郭振宇　　PHOTOGRAPHY by 日常散步 李盈靜

Action ！

2

在張誌騰家，幾乎找不到任何透露他身分的物件，沒有導演椅、沒有攝影機、沒有金馬獎座——除了客廳上方的 Aputure LS 300X 雙色溫聚光燈。

平時出現在電影片場的燈具出現在家中，直接了當地說明張誌騰的居家美學核心：光。

光是影像敘事的基礎，成為攝影師之前，張誌騰也從事燈光師的職業，如此讓他更了解光線對人、空間的影響力，如空間明亮令角色看起來愉快，人苦悶自然會想往晦暗的角落靠。身在片場，張誌騰要隨時觀察光線是否與角色、空間的需求相符合；回到家也是，他會依照家人的生活需求調整光線，而那盞 LS 300x 正是利器，「像我需要很亮才有精力工作，下雨天就要把它開到全滿。」貓力補充。

才說完，張誌騰立刻展現專業，在一大清早運用燈光套件打造出以假亂真的夕陽光線。他對家中的一切光線都很講究：為了收藏陽光篩落的樹影，在院子種下一棵大樹；點亮家中隨處可見的 Disco Ball，空間立刻瀰漫舞廳氛圍；他還特別喜歡 Dyson 的檯燈，餐廳和主臥各放了一盞，「當氛圍、閱讀或工作燈都可以，調整顏色和角度的機動性又非常高，有時候都想說片場要不要放一個，但不知道怎麼跟製片說……」

空間寬敞加上極高的光線可塑性，「家」幾乎可被比擬作張誌騰的電影片場，「對我來說比較像是創作的實驗場，很多光影的 reference 我可以先在家裡看過，把它記住，再複製到創作裡去。」他和貓力則如同片場演員，張誌騰說，家中存在許多高低差，讓他們對話時常常不是在同一平面上，連帶影響自己拍片時也喜歡讓演員的站位更奇怪一些。但他其實早已在家偷偷排練過無數次了。

1

1 / 2 / 3　曾做過燈光師的張誌騰，對家中的燈飾挑選與燈光設計也極其講究。

3

1　院子裡不停車，空間全留給園藝和木工。

2

3

2　本就熱衷手工藝的張誌騰，大刀闊斧地將老宅重新裝修，改變原本格局。　　3　Style 健康護脊沙發是他經常坐著看書、發呆的地方。

卡⋯⋯殺青！

2022 年張誌騰的女兒出生，新角色的加入讓一切起了變化。

廚房擺了張尿布台，頌缽同時也是放女兒換洗衣物的容器，家裡高底起伏的空間為怕摔跤裝起防護欄，從前張誌騰最喜歡的家中角落是地下室，他時常在那裡玩樂器，現在那是女兒睡覺的房間，吵不得。

不過最主要的變化是心境，張誌騰發現自己對時間的感知變慢了，「好像有小孩前後是不同的生物，之前比較往外長，之後會想要慢慢往內長。」他不再渴切地探索世界，開始沉澱與整理，思考自己是誰，一路如何走來，又要過什麼樣的生活才能帶給女兒好影響。「但就計劃兩年內的事吧，再以後的就不想了，因為一定跟你想的不一樣。」他得出最後的結論：萬物都會變化，專注眼前即可。

他最近的計畫是在書牆前打造一座大魚缸，張誌騰比劃著魚缸的大小，盤算著該放入哪些石頭和小樹，加上一束輕輕落下的光線，然後坐在 Style 單人沙發上翻書、看魚，「他看魚可以看一個下午，像對戀人發呆一樣。」貓力在一旁悠悠地說。張誌騰的興趣隨時在變，養魚的興趣源自於最近在拍攝一部河川相關的短片，家中的印度風琴、薩滿鼓、頌缽和手碟也都是因為拍片才接觸到的事物。

這些事物都是「家」的組成部分，外頭的街道、老花市、傳統市場或下課時間在門前聊天的大學生對張誌騰來說也是，「家是很多事物的排列組合，絕對不是鋼筋水泥的這些東西，也不是一個被框住的概念。」未來幾年，這座老宅很可能因為都市更新而拆除，他對此已經釋然，畢竟心中真正代表「家」的一切都帶得走，家人、書本、樂器和燈光……張誌騰的家並不會被拆除。

「家不是一種穩定。家是給你創作的素材，你會越來越熟悉這些素材，然後知道下一次要怎麼去創作。」每一座片場搭的景最後都得拆，但任何地方都能創作，漂泊到哪都是家。

Illustrator
Eszter

TEXT by 李尤　PHOTOGRAPHY by 蔡傑曦

插畫家 Eszter 與先生 Mark 相識 20 年、
結婚 8 年，這不是他們人生的第一個家，
卻是第一次傾盡心思自己改造的家。如今
裡面住著兩個人、兩個小孩、兩隻狗，憑
藉深厚的默契與尊重，奇妙地，大家的個
性都和諧地展現其中。

生活是一塊畫布，
要有每個人的筆觸

1

開放式廚房裡，幾支彩色玻璃杯和大地色陶杯並排陳列，大方展示著兩位主人的不同：Eszter，洛杉磯長大的 freelance 插畫家，作品和穿著都明亮又鮮豔；Mark，前奧運國手目前任教於大學，從不在家擺獎牌，偏好的風格低調且內斂。

但環看一圈這間三房一廳的華廈會發現，這對夫妻看似跳 tone 的喜好，在各個角落融合得巧妙。

整個家以 Mark 喜愛的侘寂風為底，地板、牆、天花板，清一色是乾爽的灰白和原木，點綴的家具則幾乎是 Eszter 鍾愛的亮色，當代感十足；客廳窗邊，站滿兩人從疫情時開始種的十幾株盆栽，其中，Mark 充滿禪意的日本小豆樹和 Eszter 插的一大盆四色蘭花，前後錯落，彼此襯托。

人生的大案子！

能碰撞得如此和諧，因為一切都是親自打造的。在許多的不同之中，兩人的共同點是都講究細節又精打細算（他們自嘲，白話是「有想法又有預算限制」），所以前年第二個孩子出生後，他們買下這戶老華廈改造，也索性決定不找室內設計師，全由自己來主導。

可畢竟非專業也沒有經驗，要怎麼進行？ Eszter 翻出 iPad 裡一份近百頁的 moodboard 簡報，也是和工班師傅溝通的法寶：「我們就把這當成一個兩人合作的年度大案子！」

屋子的格局本就方正，兩人決定不做改動，而在材質和配色上大施魔法：為了讓整體氛圍乾淨、空曠，原本繁複堆疊的層板和系統櫃消失了，天花板被墊高，大片平整的牆面露出原貌，由 Eszter 親自漆上

1　Mark 偏好低調內斂的風格，與 Eszter 的喜好截然不同，
　　卻在各個角落融合得巧妙。
2　客廳窗邊站滿夫婦兩人從疫情時開始種的十幾株盆栽。
3　這戶老公寓的改造全由 Eszter 與 Mark 親自主導。

2

3

1

一款丹麥環保礦物漆品牌裡最淺的色號，漆痕之柔美順暢讓我們驚嘆於她的手工藝，但對她來說，「不難啦，就像畫畫！」連通主臥及小孩房間的外推陽台則換上透明的棚罩，變身整個家最明亮的空間，每當陽光灑落，夢幻如玻璃屋，一半給 Eszter 工作，一半給孩子玩樂。

此外，為了讓空間再多一分童趣與柔和，他們幾乎把可見的稜角都磨圓了。除了大的硬體如廚房的拱門、包住吊隱式冷氣的天花板曲線、用 AB 膠搗成圓弧形的牆壁轉角，小的家具也遙相呼應，每一盞吊燈都是圓或圓柱形，Eszter 甚至自己用繪圖軟體拉出完美的半圓模子給木工師傅，做出訂製的茶几和鏡子。

「所以啊，大家身邊有美感這麼好的另一伴，要好好善用！」

「也要靠他負責省錢，還有在師傅說做不出來的時候猛誇人家。」

兩人不諱言彼此的「利用」，一片笑聲中，家裡另兩位成員從主臥開出的一扇狗門 —— 竟然也是精巧的圓拱形 —— 跑出來，儼然是閃亮登場的明星小狗。

1　色彩是最能直觀且正面影響 Eszter 心情的元素，也是創作時最能放膽施展自信的工具。
2　Eszter 對色彩的敏銳觸角，也延伸到小朋友的玩具上。

2

為彼此配色

對 Mark 來說，對家的要求不多，有可以放鬆的椅子就好。他尤其偏好有故事的老件，從餐桌邊自二手家具店購入的餐椅，到廁所裡 7 年前兩人一起在台東都蘭遇見的漂流木椅，家裡的每張椅子都由他挑選。

而色彩則是最能直觀且正面影響 Eszter 心情的元素，也是創作時最能放膽施展自信的工具，她甚至會每年在個人網頁上更新自己設定創作的代表色組合。「那時我想，如果這個家也要有個代表我的東西，就是顏色了！我和 Mark 商量要留一面牆給我上色，他說不如整個廚房給我畫。」結果，大面收納櫃成了七彩的畫板，她在賣場的油漆貨架前站了半天，挑出鵝黃、淺粉、橄欖綠⋯⋯ 每塊櫃面的顏色都不同，拼接起來卻和諧又耐看。

一度，Eszter 對色彩的敏銳觸角，也理所當然地伸到小朋友的玩具上。她買來德國的手工寶石積木、一千零一夜主題的多彩積木組，美到連大人看到都會驚呼。但隨著孩子越長越大，她已經想通：「他們有各自的喜好，車子、恐龍、迪士尼公主我都尊重，不應該給太多我的 input。」

成為母親之後，諸如此類的妥協固然還有很多，譬如當我們詢問各自最愛的角落，Eszter 苦思答不出來，「很少能在一個地

方待太久，因為孩子還在到處掉玩具和食物碎屑的年紀，他們在家的話我幾乎要無時無刻追著跑……可能我是很愛乾淨的畫家，畫到一半就要開始先清理的那種，有點強迫症。」Eszter 想到，自己唯一不能放手的事就是整潔，最近，剛把用了十年的元老級球型 Dyson 吸塵器換成最新一代的乾濕洗地吸塵器，她照舊每天吸地板，每一次短暫的打掃，也是再次尋回、確保生活秩序的過程，然後，就又有力氣繼續探索自我和家庭的平衡。

畢竟現在，能在這個一起創造的空間，和家人彼此著想、配合著生活，Eszter 覺得滿足又甘願，就像現在大門玄關正中最顯眼處，掛著一隻童趣的手工剪貼蝴蝶的地方，她本想放張自己的畫，「但想了想覺得有點 too much，應該放大家一起做的東西才對吧？」

1 廚房收納櫃的櫃面成了 Eszter 的畫板，每塊櫃面顏色都不同，拼接起來卻和諧又耐看。
2 Eszter 認為自己唯一不能放手的事就是整潔，每天都會用 Dyson 吸塵器吸地板。
3 能和家人在一起創造的空間裡生活，令 Eszter 覺得滿足又甘願。

早些年租屋，五年前搬至新家，無論到哪，編舞家何曉玫都會在家費心布置窗景。「我在很多年前，就夢想著家裡要有一個大大的窗戶。可能是曾經生活在一種壓抑狀態，需要一個出口。」她回想，其實在自己很多作品裡，都會有一道門、一扇窗，這份想像不僅成為她的舞蹈風景，也延續在她的真實生活。

TEXT by 郭書吟　PHOTOGRAPHY by 林家賢

Choreographer Hsiao-Mei Ho

編舞家　何曉玫

無論到哪，
都開一扇窗

為舞蹈路徑
開一扇窗

我們從一扇窗景日常，聊到何曉玫舞蹈編創的轉變。

約是 2018 年起製作《極相林—實驗創作計畫》、《極相林》之時，何曉玫對於現代舞總以黑盒子或鏡框式劇場作為主流表現場域，提出探問。她提及舊時年代，舞蹈是因應儀式需求生成的行為，透過群眾聚集、帶有韻律性的一致動作，在儀式裡形成人與人或人與神的連結，讓群眾感受溝通與療癒。「但是在西方現代性思考的影響下，劇場已經變成藝術家個人創作的風格和作為，觀眾不必然是藝術家想要溝通的對象。」

在《極相林》之後，何曉玫重新思考舞蹈是否還要固守在鏡框裡表演，「現在有太多媒體跟舞蹈競爭了，人們在家裡便能看到全世界，為什麼還要選擇特別到一個地方看舞蹈？」

何曉玫原本租屋處在竹圍，位於高樓層，面淡水河，她形容當時彷彿在高處棲居，築巢安歇。現在遷至市中心一帶，城市的聲響多了，宛如回到人間，不過她渴望綠色窗景的心境依然。恰巧對街種了成排落羽松，是能報知季節的樹種，春生夏綠，秋黃冬落，「不過我還是想要一個小露台，讓整體有更多的顏色和質地，有不同葉子的品種、不同造型的小樹。」

她希望親自栽種的植物「不懂得守規矩」，於是養了多肉、大大小小的盆栽、枝葉茂密的九重葛，每一天，何曉玫都會去看看它們，是否有植物垂頭喪氣？誰需要多關照幾分？或替它們換位置。後來，枝葉豐盛的露台連她的貓「抱抱」都喜歡上去，蹓躂到窗外，在葉影裡穿梭，是抱抱每天的固定行程。

窗景最美時刻是午後 3、4 點，日光亮在高處，光影搖曳下與窗外綠帶形成一片靜謐，伴著這片景色，她偶發呆，偶然書寫，或做做瑜伽伸展肢體，也喜歡洗澡後靠在沙發上，用 Dyson Airwrap™ 吹頭髮。

1

2

她直言現代舞的觀眾依然稀缺，「既然人們不進來（劇場），我們就走出去！」

2

打破鏡框式舞台，她重新尋找編創者、舞者和觀眾之間的鏈結。2017 年《默島新樂園》，以沉浸式舞台打開表演場域的藩籬，舞者遊走觀眾四周，在其現代舞編創路徑首次開出一扇窗。「觀眾能很近距離看到舞者，甚至能成為舞者動作設計的一部分。我們獲得很大的迴響，觀眾覺得看不夠，彷彿那支舞裡也有他一個專屬位置。」

《默島新樂園》近年逐次演變為《默島進行曲》，2023 年，何曉玫與她的舞團 MeimageDance 開啟「默島進行曲三年計畫」，窗打開了，空間得以延伸至市井城鎮，特別是在節慶舉辦和宮廟文化濃厚的地方，展演形式也像開窗一樣，廣納在地風土。

耕耘草莽生命力

「台灣是沉默而堅強的。」何曉玫談道，伴隨時代變遷，移民族群和異國文化在此匯聚，一方面顯示島嶼的包容，多族群的衝突嘈雜，形塑眾聲喧嘩的「衝突美」。

她回溯在宜蘭的成長印象「廟埕」，那是老台灣的美好記憶庫，有美味小吃，有第一齣看的布袋戲和歌仔戲、南北管和熱鬧陣頭，都在廟埕上演。

接受西方舞蹈教育後，回看故鄉，她的省思亦反映台灣長存以來的自我認同，「其實每一個文化都有獨特的美。但是我們過去一直想要變成別人，難道我們沒有自己的舞蹈嗎？」

「默島進行曲三年計畫」在協同主持人、民俗學者林承緯的協力下，何曉玫與團隊走入多處宮廟進行田調採集，例如北港朝天宮、鹽水武廟、三年計畫第一站埔里祈安三獻清醮醮壇等，讓舞者和在地表演團體如陣頭、布袋戲團等做交流。

1 / 2　以家中的書籍與表演宣傳品為媒介，何曉玫開始向我們談她的舞團 MeimageDance 如何開啟「默島進行曲三年計畫」。

1

「我們把表演形式調整成不只是看表演，第一，藉由田調重新梳理地域性歷史，衍伸出『文化導覽』活動，第二，是跟在地陣頭和民俗表演團體一起做匯演；第三，我們會教現場民眾『踏跤步（kha-pōo）』，這都是一般表演藝術不會做到的。」透過演出，與觀眾一同享受看舞的樂趣和儀式之神聖感，讓參與者實體感受：原來台灣長久以來便存在這麼多族群文化。

「踏跤步」的跤步（kha-pōo），中文指稱「腳步」。根據何曉玫的觀察，時下宮廟陣頭相當日新月異，伴隨電音、舞種乃至道具改良備加多姿多彩，「但是他們的『跤步』，或者說台灣陣頭的基本動作一直都保留至今。」跤步即是傳統藝術表演者的身段與步伐。陣頭文化是先人移民帶著自己的

宗教信仰渡海來台，落腳生根，在每年神明誕辰時做儀式。「以前參與表演的人大部分是農夫，都不是專業舞者，因為務農，身體偏向低重心，所以我們的舞蹈其實就是這些勞動者的腳步。他們當然不會說：來看我們跳舞！他們會稱呼這種腳步叫做『踏跤步』。」

「踏跤步」成為穿梭在何曉玫團隊和觀舞民眾互動的舞蹈動作，步伐簡易，每個人都會跳，重心落、大步邁，和著吹打音樂熱熱鬧鬧，很容易便能帶動群眾一起跳舞，有機會認識自己的身體，而喜歡上舞蹈。

「踏跤步、展舞步，跳出臺灣步」的口號與實踐，在加入善男信女和群眾時，獲得全景式的延伸。如同陣頭的傳統藝術表演

3

者，做一檔好演出以答謝神佛，讓照看人間的眾神與塵世者，看戲開心，感受彼此美好心意，真摯圓滿。

時空拉回家裡，何曉玫看了看窗外，說著：「我喜歡窗景帶有自然重生、很有生命力的樣子。」她在家中悉心編排窗景，任由植物不守規矩；在舞蹈演出途徑向大眾開窗，納入台灣文化最有力道的美。

在這個蓄藏她各種想像的家中，心思也總圍繞窗邊，何曉玫接下來考慮在窗外放盞夜燈，讓窗景入夜後，還能有一番姿態。

2

做攝影企劃時，連思博習慣避開一些設定，那些太過張揚或直接的表現方式不是他的菜，「我喜歡再更內斂一點。」他說這跟自己的喜好有關，覺得好看的東西外型都長得滿低調的。

TEXT by 羅健宏　PHOTOGRAPHY by 蔡傑曦

Photographer
Egg

攝影師　連思博

現在走低調
路線

連思博自認視覺美學受到雜誌的影響很深，大學時他開始閱讀日本流行雜誌，幾本男性時尚刊物成為他的聖經，特別是 1976 年創刊的《POPEYE》。不光細讀雜誌內容，還會主動搜尋上頭介紹的品牌與合作攝影師，只為對吸引自己的事物多了解一點，「我會去查攝影師的其他作品，品牌的形象，在這個過程中找到自己覺得美、或者是想學習的目標。」他一直很沉浸在這樣的探索過程，也會想辦法入手那些吸引目光的東西 —— 通常都是服飾。

「真的是太喜歡買衣服了！」他笑著說，直到現在也是。他對服裝的愛，帶領他走進攝影這一行。

同樣是在大學時期，他加入了學校研究穿搭的街拍社團，拿著相機紀錄校園內打扮有型的同學，也嘗試執行攝影企劃的專案。美術系畢業後，他到線上媒體做了幾年數位編輯，之後決定成為一名斜槓自由工作者，工作內容橫跨平面設計、攝影和品牌形象企劃，還有過模特兒的多年工作經歷。

美感來自不斷嘗試

構思攝影企劃時，《POPEYE》是他重要的靈感來源之一，「很長一段時間，拍照都是在想怎麼跟雜誌執行的經驗相乘。」他不諱言，以前自己是追求仿效雜誌中的影像。然而前年替某個大品牌拍攝形象後，他的想法變了，因為發現追求類似風格的委託大量出現，「我不喜歡一直做同一件事情，怕無聊，如果有更多不同可能，我就會想要去試試看。」於是從 2021 年開始，他開始與熟識的設計師、影像導演組成游擊團隊，嘗試挑戰串流電視劇的主視覺，還做了歌手的專輯視覺。

喜歡或不喜歡都需要經過嘗試，這是連思博的個人信念。

現在的他喜歡簡約又舒服的風格,自己使用的物品也是如此,「我喜歡造型有一點特別、但不過分地張揚,在兼顧美感的同時,又有一些小小的特色在裡面。」就像選照片會避開張揚的畫面,那些華麗及張力十足的設計,在他眼中反而顯得過於招搖。「LEXON MinoT 的設計就滿好看的!」這台戶外用的藍牙喇叭,擁有溫潤的橢圓外型,結合不銹鋼登山扣的設計,把它直接吊掛在背包上,跟他的日常造型配在一起很和諧。

連思博的拍攝過程常會播音樂,「音樂可以營造氣氛,讓被拍的對象放鬆。」而 LEXON MinoT 體積小,方便攜帶,音質表現也有一定水準,它有防水功能,拿到外景使用也沒問題。他說每次拍攝前,都會先想一下哪些歌跟主題比較接近,打開手機裡的曲庫,裡面音樂類型多元,有 Hip-Hop、Pop、Jazz,也聽 K-Pop,「我生活離不開音樂,雖然以前我只聽 Hip-Hop,後來因為工作認識不同類型的音樂人,也開始嘗試聽不同類型的作品。」

在嘗試與保持之間

「我覺得能因為嘗試而喜歡上某些事物,是很幸福的事情。」

連思博前陣子剛搬新家,第一次規劃住宅空間,他把自己喜歡的簡單跟舒服應用在設計中,「有人說很適合進入工作狀態,就是平穩、安靜的感覺。」或許哪天空間會因為喜愛事物的轉變而有了新的變化,「現在 30 歲剛過,這個階段我依然覺得有機會嘗試,就讓自己花時間先吸收看看。」對此他抱持開放的心態。

但與此同時,他像意識到矛盾般笑著分享,「我也一直很欣賞 LEMAIRE 設計師 Christophe Lemaire,和 Stylist Shibutsu 設計師山本康一郎的品味,這兩人不追隨流行、堅持一貫的風格,服裝穿搭看起來每天都很像。」如果真的會變,這條路應該是連思博下一階段的目標了。

1

2

1　連思博背包上掛的 LEXON MinoT 藍牙喇叭，溫潤的外型跟他的造型配在一起很和諧。

2　剛過 30 歲的連思博，認為當前階段抱持開放心態，有機會就嘗試吸收新的事物。

hengstyle

Reader Feedback

恆隆行在員工眼中，究竟是什麼模樣呢？
一起來看看大家定義的恆隆行，以及大家的生活如何因恆隆行而改變！

Q1. 如果恆隆行是一個人，你會怎麼形容他呢？

外表天秤座，內心為了獅子座和天蠍座綜合體，
言行舉止為處女座和金牛座的綜合體，
有時候又有水瓶座的天外飛來一筆！

長長久久 Fika

學校的學霸校草．
那種充滿內涵的自信．
卻偏偏謙謙有禮．
熟後．不僅長得帥
整個人又超有型，
讓人又忌又愛．行走的風格偶像．

資訊部 二寶媽

一個讓人覺得安心舒服的人，
且可以感受到生活上的溫暖．

營四 菁菁

印象中是成熟穩重的長輩．
歲月更迭下卻不失童心 搖身一變竟
成了時尚有活力的質感文青．

by 會計 Albert

是一個想要跟上時代的人，
一直在尋找突破口，
不容許被社會淘汰的一個人。

營三 紫月

很會帶貨的
KOL!!

by 通路視覺
設計 K.S.

外表天秤座，
內心為了獅子座．

超愛Conay.
在公司喝了才知道.
原來我不是不愛喝奶,
而是, 甘甜清刷的奶,
真的, 不一樣,
我都買了. 爸媽, 如味, 閨蜜也都入坑了
原來喝奶也是會傳染的… ˘˘
　　　　　晚20年發現的新新.

最愛Dyson, 提升了生活的質感與風潮.
最有感情的是Sodastream. 青春健康熱情, 創造獨一無二的體驗
轉變生活最大的是Oral-B. 讓自己從手動牙刷改成電動牙刷, 直
到現在. 並且再也沒有因為牙齒有問題看過牙醫.
最後 Sakura Works 讓我知道了什麼是品酒.
讓藏酒終於有屬於他們的位置.
　　　　　　　　　　　　Eric
　　　　　　　　　　　(第3咖車於居室)

☆

TWINBIRD 職人手沖咖啡機
　　　　　協奏曲

Style Chair PM 美姿調整座椅! 讓整個人更加
端正, 腳骨卡軟Q, 釋放生活積壓的負能量.
legal 蝦咪

Q2.

**哪一件恆隆行代理
商品是你的最愛?
為什麼呢?**

TWINBIRD 職人手沖咖啡機
有了它才第一次體驗到
從咖啡豆到一杯咖啡
是一首融合聲音、香味、口感
的協奏曲 →by
生活家電Eddie

VERMICULAR IH琺瑯電子鑄鐵金品. 小V鍋實在太美了!
外貌協會的我業不起誘惑在還沒成為恆隆行員工前
就入手了. 結果, 沒想到擺在家除了是很棒的裝飾
看心情都冒泡泡外. 還是一個業敵好用的鍋高.
不僅使用上省事, 方便, 煮出來的料理更是非常美味
堪稱是我家中使用率最高的廚房電器用品.
　　　　　　　　　　法務課部Olivia

LAURASTAR 熨燙機滿足了在家裡
燙衣服呼也想平看起來很有「電感」的
我, 虛榮如我, 漢硫又妙伊衰昏了 ₽
　　　　　　　　二處 臻口

多了美感、生活藝術感、

長發 Patty

Q3.

在恆隆行工作的這段時間，最意想不到的收穫是？

就像「一束鮮花」而讓室內煥然一新的故事、加入恆隆行就像那束花、影響我對生活居家的要求及看法、一件、兩件..不知不覺我新也變身成有個性的恆隆行情境居家間。

～長發 さ.K.

生活藝術感

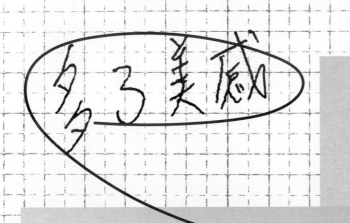

不知不覺中
家裡多了許多公司代理的商品！
或許這就是公司文化潛移默化的過程吧！

經營舟桥 小果

結識了很多客人，甚至也有很可愛的客人，和你分享他的使用心得，及替你推廣給其他朋友。

營二 咪咪

認識自己的另一半，成家、生子。

dyson 營業部 老宅男

以物件為引，展開在日常的發現之旅。

生活種種，來自一次次的好奇所創造。

細膩運載、打包著，一個個對於美好生活的想像。